Guida alla Coltivazione delle Margherite

Introduzione

Introduzione alle Margherite

Le margherite sono tra i fiori più amati e riconoscibili al mondo. La loro semplicità estetica e la vasta gamma di colori e varietà li rendono una scelta popolare per giardini, decorazioni e bouquet floreali. Oltre ad avere un aspetto grazioso e delicato, le margherite sono anche resistenti e facili da coltivare, adattandosi a diverse condizioni climatiche e ambientali. In questa introduzione esploreremo la storia e il significato del fiore, le principali tipologie di margherite e i loro usi più comuni in giardino.

1.1. Origine e significato del fiore

Le margherite sono fiori antichi che risalgono a milioni di anni fa. Appartenenti alla famiglia delle Asteraceae, sono botanicamente affini ai girasoli, ai crisantemi e ad altre varietà simili.

Guida alla Coltivazione delle Margherite

Impara cosa fare per coltivare splendide Margherite

A. Duller

Lisa Shardon

Copyright © 2024

Il nome "margherita" deriva dal greco antico *margaritēs*, che significa "perla", in riferimento alla brillantezza e alla purezza del fiore. Alcune culture antiche ritenevano che la margherita fosse un simbolo di innocenza e purezza, mentre nella mitologia romana era associata alla dea Flora, patrona delle piante e dei fiori.

In epoca medievale, la margherita era utilizzata come simbolo di verità e fedeltà. Nella tradizione popolare, è conosciuta per il famoso gioco "m'ama non m'ama", in cui si sfogliano i petali per scoprire se l'amato ricambia l'affetto. Ancora oggi, la margherita rappresenta significati positivi come semplicità, gioia e sincerità.

1.2. Tipologie di Margherite: Le varietà più comuni

Esistono diverse varietà di margherite, ognuna con caratteristiche botaniche e visive distintive. Di seguito, presentiamo alcune delle specie più diffuse e apprezzate.

Margherita comune (Bellis perennis)

La margherita comune è forse la più riconoscibile e diffusa. Originaria dell'Europa e dell'Asia, cresce spontaneamente nei prati e lungo i sentieri. È caratterizzata da petali bianchi disposti attorno a un centro giallo brillante. La Bellis perennis è perenne e si adatta facilmente a diversi tipi di terreno e clima. Spesso fiorisce a inizio primavera e può continuare fino all'autunno, soprattutto in condizioni climatiche miti. Oltre al suo valore ornamentale, la margherita comune è utilizzata nella medicina tradizionale per le sue proprietà antinfiammatorie e lenitive.

Margherita Shasta (Leucanthemum x superbum)

La margherita Shasta è un ibrido ottenuto dall'incrocio di diverse specie di margherite europee e asiatiche. I suoi fiori sono più grandi rispetto alla Bellis perennis, con petali candidi e un centro dorato. La pianta può raggiungere fino a 90 cm di altezza, rendendola una presenza imponente nei giardini. È particolarmente apprezzata per la sua lunga fioritura estiva e per la resistenza a parassiti e malattie. La margherita Shasta preferisce climi temperati e terreni ben drenati, e richiede una posizione soleggiata per fiorire al meglio.

Margherita africana (Osteospermum)

Originaria delle regioni più calde dell'Africa meridionale, la margherita africana si distingue per i suoi colori vivaci e insoliti, che spaziano dal viola al blu, al rosa e al giallo. L'Osteospermum è una pianta perenne nelle zone calde, ma viene coltivata come annuale nei climi più freddi. Le sue foglie sono carnose, quasi succulente, il che la rende tollerante alla siccità. Questa varietà è ideale per bordure e vasi decorativi grazie alla sua capacità di aggiungere un tocco di esotismo e colore al giardino.

Margherita gialla (Euryops)

L'Euryops è una varietà di margherita originaria del Sudafrica, nota per i suoi fiori gialli brillanti e la lunga fioritura, che può estendersi dalla primavera fino all'autunno. Questa pianta arbustiva può raggiungere fino a un metro di altezza e tollera bene sia il caldo che il freddo moderato. La margherita gialla è spesso utilizzata nei giardini mediterranei o nelle aiuole grazie alla sua resistenza e alla capacità di attirare farfalle e api.

1.3. Il fascino e l'utilizzo delle Margherite in giardino

Le margherite sono una scelta eccellente per abbellire giardini e balconi, grazie alla loro semplicità e capacità di adattarsi a diverse condizioni. La loro fioritura continua e la facilità di manutenzione le rendono perfette sia per i giardinieri esperti che per i principianti. Vengono spesso utilizzate per creare bordure, aiuole fiorite o composizioni miste, offrendo un aspetto naturale e spontaneo. Inoltre, le margherite attirano insetti impollinatori come api e farfalle, contribuendo a migliorare la biodiversità del giardino.

Le margherite si adattano bene sia ai giardini formali che a quelli informali. In un contesto più rustico, si possono combinare con altre piante selvatiche come papaveri e lavanda, mentre in giardini moderni o minimalisti sono ideali se piantate in gruppi monocromatici per creare un effetto pulito e ordinato.

Capitolo 1: Clima e Terreno Ideale

Per garantire una crescita sana e rigogliosa delle margherite, è fondamentale conoscere le condizioni climatiche e le caratteristiche del terreno più adatte. Anche se molte varietà sono abbastanza resistenti e adattabili, alcune preferenze specifiche di luce, temperatura e suolo possono fare la differenza nella qualità e nella durata della fioritura.

1.1. Temperatura e condizioni climatiche ottimali

Le margherite prosperano meglio in climi temperati, con temperature comprese tra i 15 e i 25 gradi Celsius. Anche se alcune specie, come la margherita africana, tollerano meglio il caldo intenso, altre, come la Bellis perennis, preferiscono temperature più fresche. È importante proteggere le piante dal gelo intenso, poiché le radici e i germogli possono essere danneggiati dal freddo prolungato. In zone con inverni rigidi, è consigliabile coltivare le margherite come annuali o coprire le piante con tessuti protettivi durante le gelate.

1.2. Esposizione solare: Luce diretta o indiretta?

La maggior parte delle margherite preferisce una posizione soleggiata, con almeno 6-8 ore di luce solare diretta al giorno. Tuttavia, alcune varietà, come l'Osteospermum, possono tollerare la mezz'ombra, soprattutto nei climi più caldi, dove il sole intenso di mezzogiorno potrebbe causare stress idrico. Un'adeguata esposizione alla luce favorisce la produzione di fiori abbondanti e migliora la qualità cromatica dei petali.

1.3. Tipologia di terreno: pH, drenaggio e fertilità

Le margherite prediligono terreni ben drenati con un pH neutro o leggermente acido, compreso tra 6,0 e 7,0. Un buon drenaggio è essenziale per evitare ristagni d'acqua, che potrebbero causare marciume radicale. In suoli troppo pesanti o argillosi, si consiglia di aggiungere sabbia o materiale organico per migliorare la struttura del terreno e garantire un migliore deflusso dell'acqua.

In termini di fertilità, le margherite non richiedono un terreno particolarmente ricco, ma traggono beneficio da una moderata fertilizzazione durante la stagione di crescita. Un fertilizzante bilanciato a base di azoto, fosforo e potassio favorisce sia la crescita vegetativa che la fioritura.

1.4. Preparazione del suolo: Come migliorare il terreno

Prima di piantare le margherite, è utile preparare il terreno per garantire una crescita ottimale. Il primo passo consiste nello scavare e aerare il terreno fino a una profondità di circa 30 cm. Questo aiuta le radici a penetrare facilmente e migliora la circolazione dell'aria e dell'acqua.

Se il terreno è troppo povero, è consigliabile aggiungere compost o letame ben maturo per aumentare il contenuto di sostanza organica. Nei suoli compatti o troppo umidi, la sabbia grossolana può migliorare il drenaggio. Infine, una pacciamatura leggera attorno alla base delle piante aiuta a mantenere l'umidità del suolo e riduce la crescita delle erbacce.

Le margherite, con la loro bellezza senza tempo e la capacità di adattarsi a molteplici condizioni, sono una risorsa preziosa per ogni giardino. Con le giuste attenzioni in termini di esposizione, terreno e cura, è possibile godere di fioriture generose e prolungate, creando spazi verdi piacevoli e accoglienti.

Capitolo 2: Propagazione delle Margherite

La propagazione delle margherite è un processo relativamente semplice, grazie alla natura rustica e vigorosa di molte varietà. Esistono diversi metodi per moltiplicare queste piante, tra cui la semina, la talea, la divisione dei cespi e la propagazione in vitro. Ogni tecnica ha i suoi vantaggi e applicazioni specifiche, a seconda della varietà di margherita e delle condizioni di coltivazione. In questo capitolo, analizzeremo in dettaglio i principali metodi di propagazione, i tempi più indicati per eseguirli e le cure necessarie per ottenere piantine sane e robuste.

2.1. Propagazione tramite semina

La semina è uno dei metodi più comuni ed economici per propagare le margherite, soprattutto per le varietà annuali e biennali. I semi delle margherite sono piccoli e facilmente disponibili in commercio o possono essere raccolti direttamente dalle piante mature.

2.1.1. Raccolta e conservazione dei semi

Per raccogliere i semi, è necessario attendere che i fiori appassiscano completamente e che la testa del seme (capolino) diventi marrone e secca. I semi possono essere estratti delicatamente e lasciati asciugare in un luogo fresco e asciutto per evitare la formazione di muffa. Una volta essiccati, è consigliabile conservarli in buste di carta o barattoli ermetici, lontano dalla luce diretta e dall'umidità, fino al momento della semina.

2.1.2. Periodo di semina

Il momento ideale per seminare le margherite varia a seconda della varietà. La maggior parte delle specie perenni, come la margherita comune (*Bellis perennis*), può essere seminata alla fine dell'inverno o all'inizio della primavera, mentre le annuali e le biennali possono essere seminate anche a fine estate per anticipare la fioritura nella stagione successiva.

2.1.3. Come seminare

1. **Preparazione del terreno o del contenitore**: Se si semina in giardino, è importante preparare il terreno rimuovendo le erbacce e aggiungendo un po' di compost per migliorare la fertilità. In alternativa, si possono utilizzare vasetti o seminiere riempiti con un substrato leggero e ben drenato.

2. **Distribuzione dei semi**: I semi devono essere sparsi in modo uniforme e coperti con un sottile strato di terriccio (non più di 0,5 cm), poiché necessitano di luce per germogliare.

3. **Annaffiature**: Dopo la semina, è fondamentale mantenere il substrato leggermente umido, evitando ristagni d'acqua che potrebbero causare marciume.

4. **Germinazione**: La germinazione richiede in genere da 10 a 21 giorni, a seconda della temperatura e della varietà. Quando le piantine raggiungono i 5-10 cm di altezza,

possono essere trapiantate in piena terra o in contenitori più grandi.

2.2. Propagazione tramite talea

La propagazione per talea è particolarmente efficace per le margherite perenni e semi-legnose, come la margherita africana (*Osteospermum*) e la margherita Shasta (*Leucanthemum x superbum*). Questa tecnica consiste nel prelevare porzioni di ramo e favorirne l'emissione di radici in un substrato adatto.

2.2.1. Quando eseguire le talee

Il momento migliore per prelevare le talee è in primavera o in estate, quando la pianta madre è in piena vegetazione e le temperature sono abbastanza miti da favorire la radicazione. Tuttavia, in climi miti, è possibile effettuare talee anche all'inizio dell'autunno.

2.2.2. Come eseguire una talea

1. **Selezione del ramo**: Scegliere un ramo sano e robusto, lungo circa 10-15 cm, preferibilmente non ancora fiorito.

2. **Taglio della talea**: Utilizzare forbici affilate e sterilizzate per tagliare il ramo appena sotto un nodo (punto in cui crescono le foglie).

3. **Rimozione delle foglie inferiori**: Eliminare le foglie nella parte inferiore della talea, lasciando solo alcune foglie nella parte superiore.

4. **Trattamento con ormone radicante (facoltativo)**: Per favorire l'emissione di radici, si può immergere la base della talea in un ormone radicante in polvere o gel.

5. **Inserimento nel substrato**: La talea va inserita in un substrato leggero, composto da torba e sabbia, mantenendo il terreno umido ma ben drenato.

6. **Condizioni di coltivazione**: Le talee devono essere posizionate in un luogo luminoso ma senza luce solare diretta e coperte con un sacchetto di plastica

trasparente per mantenere l'umidità elevata.

7. **Radicazione**: Le radici dovrebbero formarsi entro 4-6 settimane. Una volta ben radicate, le nuove piantine possono essere trapiantate in giardino o in vasi più grandi.

2.3. Propagazione tramite divisione dei cespi

La divisione dei cespi è un metodo rapido e sicuro per moltiplicare le margherite perenni e ringiovanire le piante adulte. È particolarmente indicata per specie come la margherita comune e la margherita Shasta, che tendono a formare ampi cespi nel tempo.

2.3.1. Quando dividere i cespi

Il momento migliore per dividere le margherite è all'inizio della primavera o in autunno, quando le piante sono in fase di riposo vegetativo e lo stress da trapianto è minimo.

2.3.2. Come dividere i cespi

1. **Preparazione della pianta**: Innaffiare abbondantemente la pianta madre il giorno prima dell'operazione per facilitare l'estrazione delle radici.

2. **Scavo e rimozione**: Utilizzare una pala per scavare intorno alla base della pianta e sollevarla delicatamente dal terreno.

3. **Divisione del cespo**: Con un coltello affilato o una vanga, dividere il cespo in più parti, assicurandosi che ogni porzione abbia radici sane e almeno 2-3 germogli.

4. **Trapianto**: Piantare immediatamente i nuovi cespi in terreno ben preparato e annaffiare abbondantemente.

2.4. Propagazione in vitro (micropropagazione)

La propagazione in vitro, o micropropagazione, è una tecnica avanzata utilizzata principalmente per la produzione commerciale di margherite, poiché consente di ottenere un gran numero di piante identiche in poco tempo. Questa tecnica prevede la coltura di piccoli tessuti vegetali in condizioni sterili, utilizzando appositi substrati e ormoni di crescita.

2.5. Cure post-propagazione

Indipendentemente dal metodo di propagazione scelto, è essenziale garantire alcune cure fondamentali per favorire l'attecchimento e la crescita delle nuove piante:

- **Annaffiature regolari**: Mantenere il terreno umido, ma evitare ristagni d'acqua.

- **Protezione dalle intemperie**: Durante le prime fasi di crescita, le piantine possono essere sensibili a vento e sole intenso.

- **Fertilizzazione leggera**: Dopo l'attecchimento, somministrare un fertilizzante liquido leggero per stimolare la crescita.

- **Controllo dei parassiti**: Monitorare regolarmente la presenza di parassiti come afidi o ragnetti rossi, intervenendo tempestivamente con trattamenti appropriati.

La propagazione delle margherite non è solo un modo efficace per moltiplicare le piante, ma anche un'attività gratificante che permette di sperimentare e comprendere meglio i cicli vitali delle piante. Con le giuste tecniche e un po' di pratica, è possibile ottenere risultati eccellenti, trasformando il giardino in un'esplosione di colori e vitalità.

Capitolo 3: Come Piantare le Margherite

Le margherite sono fiori versatili e semplici da coltivare, capaci di adattarsi a una vasta gamma di ambienti e condizioni climatiche. Tuttavia, per ottenere una crescita rigogliosa e fioriture abbondanti, è essenziale conoscere alcune tecniche fondamentali su come piantarle correttamente. In questo capitolo, esploreremo le fasi principali per piantare le margherite: dalla scelta del sito e la preparazione del terreno, fino alla messa a dimora e alle cure necessarie dopo la piantagione. Che si tratti di piantare in giardino o in vaso, seguendo i giusti passaggi è possibile godere di piante sane e fioriture continue per tutta la stagione.

3.1. Scelta della posizione ideale

La scelta del luogo di piantagione è cruciale per assicurare il successo della crescita. Le margherite amano il sole, ma alcune varietà tollerano bene anche la mezz'ombra. Di seguito, esaminiamo le principali esigenze ambientali per la coltivazione ottimale delle diverse specie.

3.1.1. Esposizione solare

- **Margherite comuni (Bellis perennis)** e **margherite Shasta (Leucanthemum x superbum)**: Queste varietà preferiscono un'esposizione in pieno sole, con almeno 6-8 ore di luce diretta al giorno. In condizioni di luce adeguata, producono una fioritura più abbondante e colori più intensi.

- **Margherite africane (Osteospermum)** e **margherite gialle (Euryops)**: Queste specie possono tollerare anche la mezz'ombra, specialmente nelle ore più calde della giornata, in climi mediterranei o con estati torride.

3.1.2. Clima e protezione dal vento

Le margherite si adattano bene a climi temperati e mediterranei, ma alcune varietà perenni richiedono protezione dal gelo. È consigliabile scegliere un'area riparata dal vento forte, che potrebbe spezzare i rami o rovinare i fiori delicati. In zone con inverni rigidi, può essere utile piantarle vicino a un muro o sotto coperture protettive.

3.2. Preparazione del terreno

Il terreno gioca un ruolo fondamentale nella salute delle margherite. La qualità del suolo determina la quantità di nutrienti e acqua disponibili per la pianta, oltre a influire sulla radicazione e sulla fioritura.

3.2.1. Drenaggio e composizione del suolo

Le margherite necessitano di un terreno ben drenato per evitare il marciume radicale. Se il terreno è pesante o argilloso, è utile aggiungere sabbia o ghiaia per migliorare il drenaggio. In alternativa, un compost organico o del terriccio di buona qualità può aumentare la fertilità e mantenere il suolo sciolto e aerato.

3.2.2. pH del terreno

Il pH ideale per le margherite è leggermente acido o neutro, compreso tra **6,0 e 7,0**. Un suolo troppo alcalino può ridurre la disponibilità di nutrienti, compromettendo la crescita della pianta. Se necessario, è possibile correggere il pH aggiungendo torba per abbassarlo o calce agricola per aumentarlo.

3.2.3. Fertilizzazione del suolo

Sebbene le margherite non richiedano suoli eccessivamente fertili, una piccola quantità di compost o fertilizzante organico mescolata al terreno prima della piantagione può favorire uno sviluppo più vigoroso. Evitare l'uso eccessivo di azoto, poiché potrebbe stimolare la crescita delle foglie a scapito dei fiori.

3.3. Come piantare le margherite in giardino

Piantare le margherite in piena terra è un processo semplice, ma richiede attenzione per garantire che la pianta si radichi correttamente e cresca in modo sano.

3.3.1. Periodo ideale per la piantagione

- **Primavera**: È il momento migliore per piantare margherite perenni, come la margherita comune o la margherita Shasta, poiché avranno il tempo necessario per stabilire le radici prima del caldo estivo.

- **Fine estate o autunno**: Le margherite annuali e biennali possono essere piantate in questo periodo per ottenere una fioritura anticipata nella stagione successiva. Tuttavia, in zone soggette a gelate, è meglio proteggerle o posticipare la messa a dimora.

3.3.2. Procedura passo-passo

1. **Scavo della buca**: Scavare una buca profonda e larga il doppio del pane di terra della pianta.

2. **Allentamento del terreno**: Se il suolo è compatto, allentarlo con una forca per

facilitare l'espansione delle radici.

3. **Aggiunta di compost**: Inserire uno strato di compost o fertilizzante organico sul fondo della buca per migliorare la fertilità.

4. **Messa a dimora**: Posizionare la pianta al centro della buca, mantenendo la superficie del pane di terra allo stesso livello del terreno circostante.

5. **Riempimento e compattazione**: Riempire la buca con terra e compattare leggermente per eliminare sacche d'aria.

6. **Annaffiatura**: Annaffiare abbondantemente subito dopo la piantagione per aiutare le radici a stabilizzarsi.

3.4. Come piantare le margherite in vaso

Le margherite si adattano perfettamente anche alla coltivazione in vaso, rendendole ideali per decorare balconi e terrazze.

3.4.1. Scelta del vaso

- Utilizzare un vaso con fori di drenaggio per evitare ristagni d'acqua.

- Le dimensioni del vaso devono essere proporzionate alla crescita della pianta: per una margherita singola, un contenitore con un diametro di **30-40 cm** è sufficiente.

3.4.2. Substrato adatto

Riempire il vaso con un terriccio leggero e ben drenato, arricchito con perlite o sabbia per garantire un buon deflusso dell'acqua. È possibile aggiungere anche un po' di compost per fornire nutrienti.

3.4.3. Procedura di messa a dimora

1. **Posizionamento del drenaggio**: Mettere uno strato di ghiaia o argilla espansa sul fondo del vaso per migliorare il drenaggio.

2. **Aggiunta del terriccio**: Riempire il vaso fino a metà con il substrato.

3. **Inserimento della pianta**: Collocare la margherita al centro del vaso, riempire con altro terriccio fino a coprire il pane di terra e

compattare leggermente.

4. **Annaffiatura**: Annaffiare abbondantemente e posizionare il vaso in una zona luminosa.

3.5. Cure dopo la piantagione

Le cure post-piantagione sono fondamentali per garantire che le margherite crescano in modo sano e producano fiori abbondanti.

3.5.1. Annaffiature regolari

Le margherite preferiscono un terreno costantemente umido, ma non sopportano i ristagni d'acqua. Durante i periodi di siccità, è necessario annaffiare regolarmente, soprattutto per le piante in vaso.

3.5.2. Fertilizzazione periodica

Durante la stagione di crescita, applicare un fertilizzante liquido ogni 2-3 settimane per stimolare la fioritura. È consigliabile utilizzare un fertilizzante bilanciato (NPK 10-10-10) o specifico per piante fiorite.

3.5.3. Potatura e rimozione dei fiori appassiti

Per prolungare la fioritura, rimuovere regolarmente i fiori appassiti. La potatura leggera alla fine della stagione aiuta anche a mantenere la pianta compatta e ordinata.

3.5.4. Protezione dalle malattie

Monitorare le piante per identificare eventuali segni di malattie o parassiti, come afidi o oidio. In caso di infestazioni, intervenire tempestivamente con trattamenti naturali o insetticidi specifici.

Piantare le margherite è un'attività semplice e gratificante, che permette di arricchire giardini e balconi con colori vivaci e fioriture prolungate. Seguendo i consigli su scelta della posizione, preparazione del terreno e cure post-piantagione, è possibile ottenere piante rigogliose e fiori abbondanti per tutta la stagione.

Capitolo 4: Cura e Manutenzione delle Margherite

Le margherite sono piante robuste e facili da curare, ma per mantenerle sane e fiorenti è importante fornire loro le giuste attenzioni. Sebbene siano generalmente poco esigenti, l'irrigazione adeguata, la concimazione, la potatura e la protezione dagli agenti atmosferici sono elementi fondamentali per garantire una fioritura abbondante e prolungata. Questo capitolo esplorerà nel dettaglio tutte le pratiche necessarie per curare le margherite durante l'intera stagione di crescita.

4.1. Irrigazione: Frequenza e quantità di acqua

L'irrigazione è uno degli aspetti più critici della cura delle margherite, poiché queste piante richiedono un equilibrio tra umidità costante e la necessità di evitare ristagni d'acqua, che potrebbero causare marciume radicale. La quantità e la frequenza delle annaffiature dipendono dal clima, dal tipo di suolo e dal luogo di coltivazione, sia in piena terra che in vaso.

4.1.1. Frequenza dell'irrigazione

- **Margherite in giardino**: Le margherite coltivate in piena terra tendono a richiedere meno irrigazioni rispetto a quelle in vaso. Tuttavia, è importante mantenere il terreno leggermente umido, specialmente durante la stagione calda e asciutta. In generale, un'irrigazione profonda ogni 5-7 giorni in climi temperati è sufficiente. Nei periodi più caldi, la frequenza potrebbe aumentare, ma è preferibile annaffiare abbondantemente una volta alla settimana piuttosto che fare irrigazioni superficiali frequenti.

- **Margherite in vaso**: Le piante in vaso richiedono un'attenzione maggiore, poiché il substrato tende ad asciugarsi più rapidamente rispetto al terreno in giardino. Durante i mesi estivi, può essere necessario annaffiare ogni 2-3 giorni. Verificare sempre l'umidità del terreno prima di annaffiare, inserendo un dito nel substrato per sentire se è secco o ancora umido.

4.1.2. Quantità di acqua

È importante annaffiare le margherite in modo uniforme, evitando sia l'eccesso che la scarsità di acqua. Un'irrigazione abbondante è preferibile a piccoli getti frequenti, poiché aiuta le radici a crescere più in profondità, rendendo la pianta più resistente alla siccità.

- **Terreno ben drenato**: Assicurarsi che il terreno o il vaso abbia un buon drenaggio. Se l'acqua ristagna alla base delle radici, può portare a marciume radicale. È utile controllare che l'acqua scorra liberamente dai fori di drenaggio dei vasi e, in giardino, scegliere un terreno che non trattenga eccessivamente l'umidità.

- **Metodo di irrigazione**: Annaffiare preferibilmente alla base della pianta, evitando di bagnare le foglie, poiché l'umidità sulle foglie può favorire lo sviluppo di malattie fungine.

4.2. Concimazione: Nutrienti necessari e prodotti consigliati

Le margherite non sono piante estremamente esigenti in termini di fertilizzazione, ma per ottenere fioriture rigogliose e durature è importante fornire loro i giusti nutrienti. Un terreno arricchito con sostanze nutritive favorisce una crescita sana, mentre un concime specifico per piante fiorite stimola la produzione di boccioli.

4.2.1. Principali nutrienti per le margherite

Le margherite beneficiano di una concimazione equilibrata, ricca di azoto (N), fosforo (P) e potassio (K), i principali macronutrienti necessari per la crescita vegetativa e la fioritura:

- **Azoto (N)**: Essenziale per la crescita delle foglie e degli steli. Tuttavia, un eccesso di azoto può stimolare una crescita eccessiva della parte verde a scapito dei fiori, quindi è consigliabile utilizzarlo con moderazione.

- **Fosforo (P)**: Importante per lo sviluppo delle radici e per stimolare la fioritura. Un buon apporto di fosforo garantisce margherite con fiori abbondanti e ben formati.

- **Potassio (K)**: Migliora la resistenza della pianta alle malattie, al freddo e al caldo, e favorisce la formazione di fiori sani e robusti.

4.2.2. Frequenza della concimazione

- **Inizio stagione**: All'inizio della primavera, prima che inizi la crescita attiva, è utile incorporare nel terreno del compost organico o del letame ben decomposto. Questo fornisce un rilascio lento e continuo di nutrienti per tutta la stagione.

- **Durante la stagione di crescita**: Le margherite possono essere fertilizzate ogni 4-6 settimane con un concime granulare a rilascio lento o ogni 2-3 settimane con un fertilizzante liquido specifico per piante fiorite. È importante seguire le dosi consigliate, evitando un eccesso di concime, che potrebbe danneggiare la pianta.

4.2.3. Prodotti consigliati

- **Concimi organici**: Compost organico, letame maturo, humus di lombrico.

- **Concimi chimici**: Fertilizzanti a rilascio lento NPK 10-10-10 o 5-10-5, fertilizzanti liquidi per piante fiorite.

4.3. Potatura e cimatura: Per stimolare la fioritura continua

La potatura e la cimatura sono operazioni essenziali per mantenere le margherite compatte, promuovere una crescita vigorosa e, soprattutto, stimolare una fioritura continua durante tutta la stagione.

4.3.1. Cimatura

La cimatura consiste nel rimuovere le

estremità dei germogli, e si effettua per promuovere la ramificazione e la crescita di nuovi getti laterali. Questo processo non solo favorisce la produzione di più fiori, ma aiuta anche a mantenere una forma compatta e ordinata della pianta.

- **Quando eseguire la cimatura**: La cimatura delle margherite dovrebbe essere eseguita all'inizio della stagione di crescita, in primavera, appena la pianta inizia a sviluppare nuovi germogli. Tagliare la parte superiore di ogni stelo, appena sopra un nodo fogliare, per stimolare la ramificazione.

- **Vantaggi della cimatura**: La cimatura incoraggia la crescita laterale, aumentando il numero di fiori e prevenendo la crescita disordinata o troppo alta della pianta.

4.3.2. Potatura dei fiori appassiti

La rimozione dei fiori appassiti, o deadheading, è un'operazione cruciale per prolungare la fioritura delle margherite. Rimuovendo i fiori secchi si impedisce alla pianta di dedicare energia alla produzione di semi, reindirizzandola invece verso la produzione di nuovi boccioli.

- **Quando potare i fiori appassiti**: La potatura dei fiori secchi dovrebbe essere effettuata regolarmente, durante tutta la stagione di fioritura. È sufficiente tagliare il gambo subito sotto il fiore appassito, vicino alla prima coppia di foglie sane.

- **Vantaggi della potatura dei fiori appassiti**: Questa pratica stimola la pianta a produrre nuovi fiori e mantiene la pianta esteticamente piacevole e ordinata.

4.3.3. Potatura di fine stagione

Alla fine della stagione, è utile effettuare una potatura più drastica, tagliando le margherite fino a circa un terzo della loro altezza. Questo aiuta a preparare la pianta per il periodo di riposo invernale e a stimolare una nuova crescita vigorosa nella stagione successiva.

- **Quando eseguire la potatura di fine stagione**: Alla fine dell'autunno, prima dell'arrivo del freddo, potare le margherite per eliminare le parti secche e mantenere la pianta pronta per la nuova crescita primaverile.

4.4. Come proteggere le margherite dal caldo e dal gelo

Le margherite sono generalmente resistenti a una vasta gamma di condizioni climatiche, ma periodi di caldo intenso o freddo eccessivo possono danneggiare la pianta. Con le giuste misure protettive, è possibile aiutare le margherite a superare queste condizioni estreme.

4.4.1. Protezione dal caldo

Durante l'estate, le margherite possono soffrire a causa delle alte temperature e della siccità. È importante fornire un'adeguata protezione per evitare lo stress idrico e i danni da calore.

- **Ombreggiatura**: Nei giorni più caldi, soprattutto nelle ore centrali della giornata, può essere utile fornire un'ombreggiatura leggera, utilizzando reti ombreggianti o posizionando le piante in vaso in una zona più riparata dal sole diretto.

- **Pacciamatura**: La pacciamatura aiuta a mantenere il terreno fresco e umido, riducendo l'evaporazione dell'acqua e proteggendo le radici dal calore eccessivo. Utilizzare uno strato di 5-7 cm di pacciame organico, come corteccia o paglia, intorno alla base delle margherite.

4.4.2. Protezione dal gelo

Le margherite perenni possono sopravvivere a lievi gelate, ma il freddo intenso e prolungato può danneggiarle gravemente. Esistono diverse strategie per proteggere le piante durante l'inverno.

- **Copertura protettiva**: Durante le notti più fredde, coprire le margherite con un tessuto non tessuto o un telo di plastica per proteggerle dal gelo. Assicurarsi che la copertura non tocchi direttamente le foglie, utilizzando dei paletti per sollevarla.

- **Pacciamatura invernale**: Un altro strato

di pacciamatura più spesso può proteggere le radici dal freddo. In zone con inverni particolarmente rigidi, aumentare lo spessore del pacciame a 10-15 cm per garantire una protezione adeguata.

Seguendo attentamente queste pratiche di cura e manutenzione, le margherite possono prosperare, producendo fiori rigogliosi e resistendo alle condizioni climatiche avverse. Queste semplici operazioni non solo migliorano l'aspetto delle piante, ma ne prolungano la vita e la salute, permettendo di godere della loro bellezza stagione dopo stagione.

Capitolo 5: Malattie e Parassiti delle Margherite

Le margherite sono generalmente piante resistenti e facili da coltivare, ma come tutte le piante possono essere soggette a malattie e parassiti. La corretta gestione dei problemi fitosanitari è essenziale per mantenere le margherite sane e rigogliose. Questo capitolo approfondirà i principali parassiti e malattie che possono colpire le margherite, descrivendo sintomi, rimedi naturali, trattamenti biologici e le migliori pratiche di prevenzione per garantire una crescita sana e fioriture abbondanti.

5.1. Parassiti comuni: Afidi, cocciniglie e altri insetti

Le margherite possono essere attaccate da una serie di insetti parassiti che si nutrono di linfa o danneggiano le foglie e i fiori. Tra i più comuni troviamo afidi, cocciniglie, tripidi e acari. È importante identificare e trattare tempestivamente questi parassiti per evitare gravi danni alla pianta.

5.1.1. Afidi

Gli afidi, conosciuti anche come "pidocchi delle piante", sono piccoli insetti che si nutrono della linfa delle piante, causando deformazioni delle foglie, ingiallimento e una crescita stentata. Gli afidi possono essere di diversi colori (verdi, neri, marroni) e solitamente si concentrano sulle parti più giovani della pianta, come i germogli e i boccioli fiorali.

- **Sintomi**: Presenza di piccoli insetti sulle foglie e sugli steli, foglie arricciate o deformate, produzione di melata (una sostanza appiccicosa) che attira le formiche e può favorire la crescita di fumaggine, una malattia fungina.

- **Rimedi naturali**: Un trattamento comune è l'uso di acqua e sapone di Marsiglia. Preparare una soluzione con 5 g di sapone di Marsiglia sciolto in un litro d'acqua e spruzzare sulle parti infestate. Anche l'olio di neem è molto efficace contro gli afidi, agendo come repellente naturale.

5.1.2. Cocciniglie

Le cocciniglie sono piccoli insetti che si fissano alle piante e si nutrono della loro linfa, provocando indebolimento generale, ingiallimento delle foglie e, in casi gravi, il deperimento della pianta. Esistono cocciniglie cotonose (che hanno un aspetto biancastro e lanuginoso) e cocciniglie a scudo, più resistenti.

- **Sintomi**: Presenza di piccoli insetti bianchi o marroni, foglie ingiallite e stentate, melata che può favorire l'insorgere di funghi.

- **Rimedi naturali**: Un rimedio efficace per le cocciniglie è l'alcool denaturato. Imbibire un batuffolo di cotone con alcool e passarlo delicatamente sulle parti infestate. Anche l'olio di neem e il sapone molle potassico sono efficaci per eliminare le cocciniglie.

5.1.3. Tripidi

I tripidi sono insetti piccoli e affusolati che si

nutrono perforando le cellule delle foglie e dei fiori e succhiandone il contenuto. Questo causa decolorazione, deformazione e, in casi gravi, caduta prematura dei fiori.

- **Sintomi**: Foglie e fiori deformati, macchie argentate o giallognole sulle foglie, crescita stentata.

- **Rimedi naturali**: L'olio di neem è un trattamento naturale efficace contro i tripidi. In alternativa, si può utilizzare un infuso di aglio, spruzzandolo sulle piante infestate.

5.1.4. Acari

Gli acari, in particolare il ragnetto rosso, sono microscopici insetti che si nutrono della linfa delle foglie, causando ingiallimento e macchie sulle foglie, oltre a sottili ragnatele visibili tra gli steli e le foglie.

- **Sintomi**: Foglie con macchie gialle o bronzate, piccole ragnatele, caduta prematura delle foglie.

- **Rimedi naturali**: Un rimedio naturale è l'uso di un getto d'acqua forte per eliminare gli acari dalle foglie. Anche l'uso di olio di neem o di un infuso di peperoncino può aiutare a controllare le infestazioni.

5.2. Malattie fungine: Marciume radicale, oidio e ruggine

Oltre ai parassiti, le margherite possono essere colpite da varie malattie fungine, specialmente in condizioni di umidità eccessiva o scarso drenaggio del suolo. Le malattie fungine più comuni includono il marciume radicale, l'oidio e la ruggine.

5.2.1. Marciume radicale

Il marciume radicale è una malattia causata da funghi del suolo che attaccano le radici della pianta, provocando l'ingiallimento e l'appassimento delle foglie, e infine la morte della pianta se non trattata.

- **Sintomi**: Foglie ingiallite e appassite, steli molli, radici scure e marcescenti.

- **Cause**: Il marciume radicale è generalmente causato da ristagni d'acqua o da un terreno troppo compatto e mal drenato.

- **Rimedi naturali**: Per prevenire il marciume radicale, è importante evitare irrigazioni eccessive e assicurarsi che il terreno abbia un buon drenaggio. Se si osserva un'infezione in corso, può essere utile trapiantare la pianta in un terreno più asciutto e ben drenato, eliminando le radici colpite. L'uso di fungicidi biologici a base di microrganismi benefici può aiutare a controllare la malattia.

5.2.2. Oidio

L'oidio è una malattia fungina che si manifesta con una patina bianca e polverosa sulle foglie, specialmente in condizioni di alta umidità e scarsa ventilazione.

- **Sintomi**: Presenza di una patina biancastra sulle foglie, foglie arricciate o deformate, ridotta crescita della pianta.

- **Cause**: Condizioni di umidità elevata e mancanza di circolazione d'aria.

- **Rimedi naturali**: Per trattare l'oidio, è possibile utilizzare una soluzione di bicarbonato di sodio (1 cucchiaino di bicarbonato in un litro d'acqua) da spruzzare sulle piante. Anche l'olio di neem è efficace nel prevenire e curare l'oidio. È inoltre utile evitare l'irrigazione dall'alto e garantire una buona circolazione d'aria tra le piante.

5.2.3. Ruggine

La ruggine è una malattia fungina che si manifesta con piccole macchie arancioni, marroni o nere sulla parte inferiore delle foglie, che possono diffondersi rapidamente se non trattate.

- **Sintomi**: Macchie di colore ruggine sulla parte inferiore delle foglie, ingiallimento delle foglie e caduta precoce.

- **Cause**: Umidità elevata e irrigazione eccessiva.

- **Rimedi naturali**: Rimuovere e distruggere immediatamente le foglie infette per prevenire la diffusione della malattia. È possibile utilizzare un infuso di equiseto (ricco di silicio) per rinforzare la pianta e prevenire ulteriori infezioni. L'applicazione di zolfo può aiutare a trattare le infezioni in corso.

5.3. Rimedi naturali e trattamenti biologici

L'uso di rimedi naturali e trattamenti biologici è sempre preferibile per il controllo delle malattie e dei parassiti delle margherite, poiché evitano l'uso di prodotti chimici che possono danneggiare l'ambiente e altri organismi benefici.

5.3.1. Sapone di Marsiglia

Il sapone di Marsiglia è un rimedio naturale molto efficace contro parassiti come afidi, cocciniglie e tripidi. È biodegradabile e non tossico per le piante.

- **Applicazione**: Preparare una soluzione con 5 g di sapone in un litro d'acqua e spruzzare direttamente sugli insetti. Ripetere l'operazione ogni 5-7 giorni fino a completa eliminazione.

5.3.2. Olio di neem

L'olio di neem è un potente antiparassitario naturale che agisce come repellente contro una vasta gamma di insetti, inclusi afidi, cocciniglie, acari e tripidi. Ha anche proprietà antifungine.

- **Applicazione**: Diluire 5-10 ml di olio di neem in un litro

d'acqua e spruzzare sulle piante infestate. Ripetere ogni settimana per prevenire nuove infestazioni.

5.3.3. Infuso di aglio

L'aglio ha proprietà antibatteriche e antiparassitarie, rendendolo un ottimo alleato contro afidi e altri piccoli insetti.

- **Applicazione**: Preparare un infuso con 5 spicchi d'aglio in un litro d'acqua, far bollire e lasciare raffreddare. Filtrare e spruzzare sulle piante.

5.4. Prevenzione: Buone pratiche di coltivazione

La prevenzione è la migliore difesa contro malattie e parassiti. Seguendo alcune semplici regole di coltivazione, si possono evitare molti problemi comuni.

5.4.1. Irrigazione corretta

Evitare di bagnare le foglie durante l'irrigazione, poiché l'umidità sulle foglie può favorire lo sviluppo di malattie fungine come oidio e ruggine.

5.4.2. Distanziamento delle piante

Assicurarsi di piantare le margherite a una distanza adeguata l'una dall'altra per garantire una buona circolazione dell'aria e prevenire il ristagno di umidità.

5.4.3. Rimozione delle parti infette

Rimuovere tempestivamente foglie o fiori malati o danneggiati per ridurre il rischio di diffusione di malattie.

Capitolo 6: Margherite per Ogni Stagione

Le margherite sono tra i fiori più amati e diffusi al mondo, grazie alla loro semplicità e alla loro capacità di crescere in diverse condizioni climatiche. Tuttavia, una delle caratteristiche più interessanti di queste piante è la loro varietà, che permette di avere fioriture abbondanti in diversi periodi dell'anno. A seconda della specie e delle condizioni di coltivazione, è possibile avere margherite in fiore durante la primavera, l'estate e persino in autunno e inverno.

In questo capitolo esploreremo le principali varietà di margherite che fioriscono in ogni stagione, con consigli pratici su come curare le piante per mantenere una fioritura continua. Vedremo, inoltre, se esistono margherite in grado di fiorire durante i mesi più freddi e come estendere il ciclo di fioritura durante tutto l'anno.

6.1. Varietà primaverili ed estive

La primavera e l'estate sono, senza dubbio, i periodi dell'anno in cui la maggior parte delle varietà di margherite fiorisce in modo abbondante. Queste stagioni sono caratterizzate da temperature moderate, giornate lunghe e una buona esposizione alla luce solare, condizioni ideali per molte piante, incluse le margherite.

6.1.1. Margherita comune (Bellis perennis)

La **Bellis perennis**, conosciuta comunemente come margherita pratolina, è una delle varietà più diffuse e conosciute. Questa pianta erbacea perenne è originaria dell'Europa, ma è coltivata in tutto il mondo. Fiorisce generalmente in primavera e, se ben curata, può continuare a produrre fiori fino alla fine dell'estate.

- **Fioritura**: Marzo - settembre.

- **Caratteristiche**: Fiori bianchi con centro giallo e petali talvolta leggermente rosati. La pianta si adatta bene ai prati e ai bordi delle aiuole.

- **Coltivazione**: Predilige terreni ben drenati e posizioni soleggiate o parzialmente ombreggiate. Per stimolare una fioritura continua, è importante rimuovere i fiori appassiti (cimatura) e mantenere il terreno leggermente umido.

6.1.2. Margherita Shasta (Leucanthemum x superbum)

Un'altra varietà molto popolare per le fioriture primaverili ed estive è la **Margherita Shasta**, un ibrido che prende il nome dal Monte Shasta in California. Queste piante sono conosciute per la loro abbondante fioritura e la loro grande resistenza.

- **Fioritura**: Da giugno a settembre.

- **Caratteristiche**: Fiori di grandi dimensioni con petali bianchi brillanti e un centro giallo dorato. Cresce fino a un'altezza di 60-90 cm e si distingue per la sua resistenza.

- **Coltivazione**: La Margherita Shasta

cresce bene in pieno sole e in terreni ben drenati. È importante mantenere la pianta ben irrigata, ma evitare il ristagno d'acqua. Per prolungare la fioritura, si consiglia di tagliare i fiori appassiti.

6.1.3. Margherita africana (Osteospermum)

Le **Osteospermum**, note anche come margherite africane, sono originarie del Sudafrica e hanno guadagnato popolarità per i loro vivaci colori e la loro capacità di resistere a condizioni climatiche difficili. Queste piante sono perfette per aggiungere un tocco esotico ai giardini primaverili ed estivi.

- **Fioritura**: Da aprile a ottobre.

- **Caratteristiche**: I fiori di Osteospermum possono essere di una vasta gamma di colori, tra cui bianco, viola, giallo e arancione, con un centro scuro o giallo.

- **Coltivazione**: Le margherite africane preferiscono il sole pieno e terreni ben drenati. Sono particolarmente tolleranti alla siccità, ma una moderata irrigazione favorisce fioriture più abbondanti. Questa pianta richiede una buona esposizione al sole per fiorire copiosamente.

6.1.4. Margherita gialla (Euryops pectinatus)

La **Euryops pectinatus**, comunemente nota come margherita gialla, è un arbusto sempreverde che produce fiori giallo brillante per gran parte dell'anno, ma la sua fioritura principale avviene in primavera ed estate. Questa pianta è molto resistente e può aggiungere un vivace tocco di colore ai giardini.

- **Fioritura**: Da marzo a settembre.

- **Caratteristiche**: Fiori gialli simili a margherite con un centro dorato, che crescono su steli legnosi. La pianta può raggiungere un'altezza di 1-1,5 metri.

- **Coltivazione**: Questa pianta predilige il sole pieno e i terreni ben drenati. È resistente alla siccità e non richiede molta acqua. La potatura regolare aiuta a mantenere una forma compatta e stimola una fioritura continua.

6.2. Margherite autunnali e invernali: Esistono?

Sebbene la maggior parte delle margherite fiorisca in primavera e in estate, esistono alcune varietà che possono fiorire anche in autunno e, in condizioni ideali, persino durante l'inverno. Queste specie possono offrire un prezioso tocco di colore quando molte altre piante sono già in riposo vegetativo.

6.2.1. Margherita montana (Erigeron speciosus)

La **margherita montana**, nota anche come **Erigeron**, è una pianta perenne che produce fiori simili a margherite con petali lilla o blu e un centro giallo. Questa pianta è una buona scelta per giardini autunnali.

- **Fioritura**: Da settembre a novembre.

- **Caratteristiche**: Fiori di colore lilla o blu chiaro, con petali sottili e un centro giallo brillante.

- **Coltivazione**: L'Erigeron preferisce il pieno sole o la leggera ombra e terreni ben drenati. È una pianta abbastanza rustica, tollerante alle basse temperature.

6.2.2. Crisantemo (Chrysanthemum)

Anche se tecnicamente non è una margherita, il **crisantemo** appartiene alla stessa famiglia (Asteraceae) ed è molto apprezzato per le fioriture autunnali. Questa pianta perenne fiorisce abbondantemente durante l'autunno e, se coltivata in serra o in climi miti, può continuare a fiorire durante l'inverno.

- **Fioritura**: Da ottobre a dicembre.

- **Caratteristiche**: Fiori di vari colori, dal bianco al giallo, al rosso e al viola. I fiori possono essere semplici o doppi, simili a grandi margherite.

- **Coltivazione**: I crisantemi richiedono pieno sole e un terreno ricco e ben drenato. Sono piante perenni che necessitano di protezione dal freddo intenso, ma possono resistere a lievi gelate.

6.2.3. Margherite d'inverno: La sfida del freddo

Le margherite che fioriscono durante l'inverno sono piuttosto rare, poiché la maggior parte delle varietà richiede temperature miti e una buona esposizione alla luce solare. Tuttavia, in climi particolarmente miti o con l'uso di serre riscaldate, è possibile mantenere alcune varietà di margherite in fiore anche durante i mesi invernali. Una delle varietà che meglio si adatta ai climi più freddi è la **Osteospermum**, che può continuare a fiorire fino a ottobre-novembre in zone a clima mite.

6.3. Come far fiorire le margherite tutto l'anno

Con una buona pianificazione e una selezione accurata delle varietà, è possibile godere della bellezza delle margherite per gran parte dell'anno. Ecco alcuni consigli su come mantenere una fioritura continua.

6.3.1. Selezione delle varietà

La chiave per avere margherite in fiore durante tutto l'anno è scegliere una combinazione di varietà con diversi cicli di fioritura. Le margherite pratoline e le margherite Shasta fioriscono principalmente in primavera ed estate, mentre l'Osteospermum e il crisantemo offrono fioriture durante l'autunno. Alcune varietà, come l'Euryops, possono fiorire anche nei mesi più freddi se coltivate in climi miti.

6.3.2. Coltivazione in serra

In zone dove l'inverno è rigido, la coltivazione in serra può estendere il periodo di fioritura. Le serre forniscono un ambiente protetto dalle temperature più basse e dalle gelate, permettendo a piante come le margherite africane di continuare a fiorire anche durante l'inverno.

6.3.3. Cura continua

Per garantire una fioritura continua, è importante fornire alle margherite le cure necessarie durante tutto l'anno. La rimozione regolare dei fiori appassiti (deadheading) stimola la produzione di nuovi fiori. Inoltre, una concimazione equilibrata e un'irrigazione regolare, ma non eccessiva, aiutano a mantenere le piante in salute e produttive.

6.3.4. Protezione invernale

Le margherite che fioriscono in autunno e inverno richiedono una maggiore attenzione per quanto riguarda la protezione dal freddo. Pacciamare il terreno attorno alle radici aiuta a mantenere una temperatura stabile e protegge la pianta dalle gelate.

Capitolo 7: Decorare con le Margherite

Le margherite, con la loro semplicità e bellezza senza tempo, sono tra i fiori più versatili per decorare giardini, spazi urbani e interni. La loro forma iconica e i colori vivaci possono essere utilizzati per creare aiuole spettacolari, riempire giardini rocciosi e arricchire composizioni floreali. In questo capitolo, esploreremo come sfruttare al meglio le margherite in vari contesti decorativi, offrendo idee e suggerimenti per combinare questi fiori con altre piante, creare splendidi bouquet e valorizzare ogni tipo di spazio.

7.1. Creare aiuole fiorite con margherite

Le margherite sono ideali per la creazione di aiuole fiorite. Grazie alla loro adattabilità e alla capacità di fiorire abbondantemente, possono trasformare giardini di ogni dimensione in esplosioni di colore. Le margherite si prestano a diversi stili di aiuola, da quelli più formali e ordinati a quelli più naturali e "selvaggi".

7.1.1. Pianificazione dell'aiuola

La creazione di un'aiuola fiorita richiede una pianificazione accurata per garantire un risultato armonioso e una fioritura prolungata. Per progettare un'aiuola con margherite:

- **Scegli le varietà**: Considera l'altezza e il ciclo di fioritura delle diverse varietà di margherite. Le margherite Shasta (Leucanthemum x superbum), per esempio, sono alte e imponenti, mentre la margherita comune (Bellis perennis) è più bassa e perfetta per i bordi.

- **Distribuzione delle piante**: Alterna piante di altezza diversa per creare un effetto dinamico e interessante. Puoi piantare le margherite più alte sul retro dell'aiuola e quelle più basse davanti.

- **Cicli di fioritura**: Combina varietà che fioriscono in momenti diversi per garantire una fioritura prolungata. Le margherite pratoline fioriscono in primavera, mentre l'Osteospermum continua fino all'autunno.

7.1.2. Scelta dei colori

Le margherite sono spesso associate ai colori bianco e giallo, ma esistono varietà con fiori viola, rosa, arancio e rosso. Mescolare colori diversi può creare un impatto visivo forte e vivace. Le margherite africane (Osteospermum), ad esempio, offrono una gamma di colori più ampia rispetto alle margherite tradizionali, e possono essere abbinate a margherite gialle o bianche per un effetto più interessante.

7.1.3. Aiuole tematiche

Un'altra idea è quella di creare aiuole tematiche. Ad esempio, puoi creare un'aiuola monocromatica con diverse sfumature di bianco, utilizzando margherite Shasta e altre piante dai fiori bianchi. Oppure, puoi optare per un tema colorato, mescolando margherite con piante che producono fiori di colori complementari.

7.2. Combinare le margherite con altri fiori e piante

Le margherite si combinano perfettamente con altre piante perenni e annuali, creando effetti cromatici sorprendenti e un'atmosfera naturale. La scelta delle piante da abbinare dipende dallo stile che vuoi creare: rustico, formale o naturale. Le margherite possono essere utilizzate come piante protagoniste o come complemento ad altre fioriture.

7.2.1. Piante perenni

Le margherite si abbinano bene con altre piante perenni che fioriscono nello stesso periodo. Alcune buone opzioni includono:

- **Lavanda**: La lavanda, con i suoi fiori viola e il profumo rilassante, crea un bellissimo contrasto cromatico con le margherite bianche o gialle. La loro combinazione è perfetta per giardini mediterranei o campestri.

- **Echinacea**: Anche l'echinacea, con i suoi fiori rosa o viola e il centro sporgente, si abbina bene alle margherite. Questi fiori aggiungono verticalità e colore al giardino.

- **Salvia**: Le piante di salvia, con le loro spighe di fiori blu o viola, forniscono un ottimo contrasto visivo e attraggono impollinatori.

7.2.2. Piante annuali

Le piante annuali offrono l'opportunità di cambiare il look del giardino ogni anno. Alcuni esempi di combinazioni efficaci con le margherite includono:

- **Gerani**: I gerani rossi o rosa si accostano bene alle margherite bianche, creando un giardino dai colori vivaci.

- **Cosmos**: Le loro delicate corolle bianche, rosa o rosse aggiungono un tocco di leggerezza e naturalezza alle margherite.

- **Zinnie**: Con i loro fiori colorati e duraturi, le zinnie si sposano perfettamente con le margherite, specialmente in aiuole dai colori accesi.

7.2.3. Graminacee ornamentali

Le margherite si abbinano bene anche alle graminacee ornamentali, come il **Pennisetum** o il **Miscanthus**, che aggiungono movimento e texture all'aiuola. Le graminacee danno un tocco moderno e rustico allo stesso tempo, creando un contrasto affascinante con i fiori delle margherite.

7.3. Margherite in giardini rocciosi e spazi urbani

Le margherite sono anche perfette per i giardini rocciosi e per decorare spazi urbani, dove le condizioni di coltivazione possono essere più difficili. Grazie alla loro resistenza e capacità di adattarsi a terreni poveri, le margherite possono crescere bene in questi ambienti e aggiungere un tocco di natura anche nelle aree più "dure".

7.3.1. Giardini rocciosi

Le margherite, specialmente le varietà più compatte come la **Bellis perennis**, si prestano bene ai giardini rocciosi, dove il terreno è spesso asciutto e ben drenato. Le rocce creano un ambiente naturale che valorizza la bellezza semplice delle margherite.

- **Posizionamento**: Pianta le margherite tra le rocce, preferendo i punti più soleggiati e riparati dal vento. Le margherite in questi contesti richiedono meno acqua, ma è importante evitare il ristagno idrico.

- **Accostamenti**: Combina le margherite con piante resistenti alla siccità come il **Sedum** o le **succulente**, per un giardino roccioso dall'aspetto armonioso e duraturo.

7.3.2. Decorazione di spazi urbani

Le margherite sono ottime per decorare

balconi, terrazzi e piccoli giardini urbani. Piantate in vasi o fioriere, possono trasformare anche i più piccoli spazi cittadini in oasi di colore.

- **Vasi e contenitori**: Utilizza vasi profondi per garantire lo sviluppo delle radici. Le margherite Shasta e le Osteospermum sono ideali per la coltivazione in contenitori.

- **Abbinamenti per balconi**: Abbina le margherite a piante rampicanti come l'edera o a piante pendenti come il **gelsomino** per creare composizioni verticali che decorano le ringhiere dei balconi.

7.4. Realizzare bouquet e composizioni floreali

Le margherite sono perfette per realizzare

bouquet e composizioni floreali grazie alla loro forma elegante e ai colori luminosi. Possono essere utilizzate da sole o abbinate a una varietà di fiori e fogliame per creare splendidi mazzi da regalare o decorare la casa.

7.4.1. Bouquet di sole margherite

Un mazzo di margherite semplici e bianche è un classico senza tempo. Le margherite Shasta, con i loro grandi fiori bianchi e centri gialli, sono perfette per creare bouquet freschi e naturali. Un mazzo di margherite trasmette un senso di purezza e semplicità ed è adatto a qualsiasi occasione, dalle celebrazioni primaverili a un regalo informale.

- **Consigli di creazione**: Usa fiori di dimensioni diverse per aggiungere varietà e interesse visivo al bouquet. Aggiungi un nastro colorato per completare la composizione.

7.4.2. Composizioni floreali miste

Le margherite si abbinano meravigliosamente con altri fiori per creare composizioni floreali più

ricche e variegate. Alcuni fiori che si combinano bene con le margherite includono:

- **Rose**: Le rose, soprattutto nelle tonalità pastello, aggiungono un tocco di eleganza e contrasto con la semplicità delle margherite.

- **Tulipani**: Nei bouquet primaverili, i tulipani con le margherite creano una combinazione colorata e vivace.

- **Foglie verdi**: Aggiungere foglie verdi, come rami di eucalipto o felci, dà corpo e volume al bouquet, migliorando l'aspetto naturale delle margherite.

7.4.3. Longevità dei fiori recisi

Per prolungare la durata dei bouquet di margherite:

- **Taglio**: Taglia i fiori di margherita al mattino presto, quando sono più freschi e ricchi di umidità.

- **Condizioni**: Cambia l'acqua ogni due

giorni e recidi leggermente i gambi per mantenerli freschi più a lungo.

Capitolo 8: Moltiplicazione e Conservazione dei Semi

La moltiplicazione delle margherite attraverso i semi è uno dei metodi più semplici e accessibili per propagare queste splendide piante. Raccogliere e conservare i semi di margherite ti permette di far crescere nuove piante per la stagione successiva, assicurando che il giardino continui a fiorire ogni anno. In questo capitolo, esploreremo in dettaglio come raccogliere i semi dalle margherite, i metodi migliori per conservarli correttamente e i suggerimenti per una germinazione efficace.

8.1. Come raccogliere i semi dalle margherite

Il primo passo per moltiplicare le margherite attraverso i semi è raccoglierli correttamente. La raccolta dei semi deve essere eseguita al momento giusto per assicurarsi che i semi siano maturi e vitali.

8.1.1. Quando raccogliere i semi

Il momento migliore per raccogliere i semi dalle margherite è alla fine della stagione di crescita, quando i fiori hanno finito di fiorire e i petali iniziano a seccarsi. Questo momento varia a seconda del clima e della varietà di margherite, ma di solito cade verso la fine dell'estate o l'inizio dell'autunno.

- **Segnali di maturità**: I semi delle margherite sono pronti per essere raccolti quando i capolini si seccano completamente. Noterai che i petali saranno caduti o secchi e la testa del fiore sarà marrone o grigiastra.

8.1.2. Procedura di raccolta

Per raccogliere i semi di margherita, segui questi passaggi:

1. **Taglio dei capolini**: Usa delle cesoie o forbici affilate per tagliare i capolini secchi dal gambo. Assicurati di tagliare solo i fiori completamente secchi e maturi.

2. **Essiccazione**: Dopo aver tagliato i capolini, lasciali asciugare ulteriormente in un luogo fresco e asciutto per qualche giorno.

Questo garantisce che l'umidità residua venga eliminata e riduce il rischio di muffe durante la conservazione.

3. **Estrazione dei semi**: Una volta che i capolini sono completamente secchi, strofina delicatamente i fiori tra le dita per separare i semi dal materiale vegetale. I semi di margherita sono piccoli e scuri, simili a piccoli aghi o scaglie.

4. **Pulizia**: Rimuovi eventuali detriti o materiale vegetale dai semi per evitare problemi di muffa durante la conservazione. Puoi utilizzare un setaccio o soffiare delicatamente per separare i semi dalla paglia.

8.1.3. Raccolta di semi da varietà ibride

Se stai coltivando margherite da varietà ibride, è importante notare che i semi raccolti potrebbero non produrre piante identiche alla pianta madre. Le margherite ibride possono avere semi che generano piante con caratteristiche variabili. Questo può essere un'esperienza interessante se sei aperto a vedere nuove variazioni nei fiori.

8.2. Conservazione corretta dei semi per la stagione successiva

Una volta raccolti i semi, la conservazione è fondamentale per mantenere la loro vitalità fino alla stagione successiva. La corretta conservazione protegge i semi dall'umidità, dalle muffe e dalle temperature estreme, garantendo una buona germinazione l'anno successivo.

8.2.1. Condizioni ideali di conservazione

I semi di margherita devono essere conservati in un ambiente fresco, asciutto e buio per mantenere la loro viabilità. Seguire queste linee guida ti aiuterà a preservare i semi correttamente:

- **Temperatura**: Conserva i semi a una temperatura costante, preferibilmente inferiore ai 10°C. Un luogo come una cantina fresca o il frigorifero è ideale.

- **Umidità**: È cruciale mantenere i semi asciutti durante la conservazione. L'umidità può portare a muffe e far marcire i semi. Puoi utilizzare bustine di silice o carta assorbente per ridurre l'umidità.

- **Luce**: I semi devono essere conservati al buio, poiché l'esposizione alla luce può ridurre la loro capacità di germinare. Usa contenitori opachi o metti i semi in buste di carta chiuse all'interno di scatole.

8.2.2. Contenitori adatti per la conservazione

Il contenitore giusto è essenziale per evitare che i semi assorbano umidità e mantengano la loro vitalità.

- **Buste di carta**: Le buste di carta sono uno dei modi più semplici e efficaci per conservare i semi. Sono traspiranti e permettono ai semi di "respirare", riducendo il rischio di condensa.

- **Barattoli di vetro**: Se desideri una protezione maggiore contro l'umidità, puoi conservare i semi in piccoli barattoli di vetro con coperchio ermetico. Prima di chiudere i barattoli, assicurati che i semi siano completamente asciutti per evitare la formazione di umidità all'interno.

- **Etichettatura**: Non dimenticare di etichettare chiaramente i contenitori con il nome della varietà e la data di raccolta. Questo ti aiuterà a organizzare meglio i semi e a sapere quali utilizzare prima.

8.2.3. Durata di conservazione dei semi

I semi di margherita, se conservati correttamente, possono rimanere vitali per 2-3 anni. Tuttavia, la loro capacità di germinare diminuisce gradualmente col passare del tempo. È una buona idea piantare i semi più vecchi per primi e rinnovare la tua scorta ogni anno raccogliendo nuovi semi.

8.3. Germinazione dei semi: Suggerimenti e tecniche

La germinazione dei semi di margherita è un processo semplice, ma seguire alcune tecniche collaudate può migliorare il tasso di successo e garantire una crescita vigorosa delle piante.

8.3.1. Periodo di semina

Il periodo migliore per seminare i semi di margherita dipende dal clima locale e dalle condizioni ambientali. In generale, puoi seminare i semi:

- **All'aperto**: I semi possono essere seminati direttamente nel giardino in primavera, non appena il terreno è abbastanza caldo da sostenere la germinazione. Attendi che le temperature notturne siano stabilmente sopra i 10°C.

- **In semenzaio**: Se desideri iniziare la crescita prima, puoi seminare i semi in un semenzaio o in piccoli vasi all'interno, circa 6-8 settimane prima dell'ultima gelata prevista.

8.3.2. Preparazione del terreno

Che tu stia seminando all'aperto o in un semenzaio, è importante preparare il terreno adeguatamente per garantire che i semi abbiano le condizioni ottimali per germinare.

- **Terreno ben drenato**: Il terreno deve essere sciolto e ben drenato. Evita i terreni pesanti o argillosi che possono trattenere troppa umidità, poiché i semi possono marcire.

- **Mescola leggera**: Se stai seminando in contenitori, usa un terriccio leggero e specifico per la germinazione, che favorisca il drenaggio e non compatti troppo attorno alle radici delicate.

- **Livellamento**: Assicurati che il terreno sia ben livellato prima di seminare, in modo che i semi abbiano un contatto uniforme con la terra e non finiscano in buche troppo profonde.

8.3.3. Semina

La semina dei semi di margherita richiede alcune semplici accortezze per ottenere i migliori risultati.

- **Profondità di semina**: I semi di margherita sono molto piccoli, quindi devono essere seminati a una profondità minima. Spargi i semi sulla superficie del terreno e coprili leggermente con un sottile strato di terriccio o sabbia.

- **Distanziamento**: Lascia almeno 15-20 cm di spazio tra i semi se li semini direttamente in giardino. Questo permette alle piantine di svilupparsi senza competere per lo spazio e le risorse.

8.3.4. Condizioni di germinazione

Dopo aver seminato i semi, le condizioni ambientali corrette sono essenziali per la germinazione.

- **Innaffiatura leggera**: Mantieni il terreno costantemente umido ma non inzuppato. Usa un nebulizzatore per evitare di spostare i semi o compatta il terreno.

- **Temperatura**: La germinazione delle margherite avviene meglio a temperature tra 18°C e 21°C. Se stai seminando all'interno, assicurati che il semenzaio sia in una zona calda e luminosa.

- **Esposizione alla luce**: Molte varietà di margherite richiedono luce per germinare, quindi non coprire i semi con uno strato troppo spesso di terreno.

Capitolo 9: Problemi e Coltivazione Biologica

Le margherite sono fiori adorabili e versatili, ma come ogni pianta, possono affrontare vari problemi durante la loro coltivazione. Questo capitolo si concentrerà sui problemi comuni che potresti riscontrare nel coltivare margherite, offrendo soluzioni pratiche e consigli su come mantenere piante sane e rigogliose. Inoltre, discuteremo l'importanza di una coltivazione sostenibile e biologica, sottolineando il ruolo delle margherite nell'ecosistema.

9.1. Mancata fioritura: Possibili cause e soluzioni

La mancata fioritura delle margherite può essere frustrante, soprattutto dopo aver investito tempo e cura nella loro crescita. Ci sono diverse ragioni per cui una margherita potrebbe non fiorire, e identificarle è il primo passo per risolvere il problema.

9.1.1. Cause di mancata fioritura

1. **Condizioni di luce inadeguate**: Le margherite richiedono un'esposizione solare diretta per almeno sei ore al giorno. Se piantate in ombra o in condizioni di luce scarsa, potrebbero non sviluppare fiori.

2. **Eccesso di azoto**: Un eccesso di azoto nel terreno può portare a una crescita vegetativa lussureggiante a scapito della fioritura. Le piante mettono energia nella produzione di foglie anziché di fiori.

3. **Età della pianta**: Le piante più giovani possono impiegare del tempo prima di iniziare a fiorire. Le margherite perenni possono richiedere un anno o due per stabilizzarsi prima di fiorire abbondantemente.

4. **Innaffiatura inadeguata**: Sia l'eccesso che la scarsità di acqua possono influenzare la fioritura. Le piante necessitano di un terreno umido ma ben drenato.

9.1.2. Soluzioni per stimolare la fioritura

- **Rivedi l'esposizione al sole**: Se le piante sono in ombra, considera di spostarle in un'area più soleggiata.

- **Controlla il contenuto di nutrienti**: Utilizza un fertilizzante bilanciato a basso contenuto di azoto e più fosforo, che aiuta a promuovere la fioritura.

- **Pazienza**: Se hai piantato margherite perenni da poco, potrebbe essere necessario avere pazienza e attendere il secondo o il terzo anno per vedere la fioritura.

- **Irrigazione adeguata**: Assicurati che le piante ricevano la giusta quantità di acqua, evitando sia il ristagno che la disidratazione.

9.2. Foglie ingiallite o secche: Diagnosi e intervento

Le foglie ingiallite o secche possono essere un segnale di stress per la pianta. Comprendere le cause di questi sintomi è cruciale per risolvere il problema in modo efficace.

9.2.1. Cause dell'ingiallimento o secchezza delle foglie

1. **Eccesso di acqua**: L'eccessiva irrigazione può causare marciume radicale, portando le foglie a ingiallire e a seccarsi.

2. **Carenza di nutrienti**: Un terreno povero di nutrienti, in particolare di azoto, può causare ingiallimento delle foglie.

3. **Parassiti**: Afidi, acari o cocciniglie possono succhiare la linfa dalle foglie, causando ingiallimento e secchezza.

4. **Stress da calore**: Le temperature elevate possono stressare la pianta, portando a foglie secche e bruciate.

9.2.2. Interventi correttivi

- **Controllo dell'irrigazione**: Verifica il drenaggio del terreno e riduci l'irrigazione se il terreno è costantemente umido. Lascia asciugare leggermente il terreno tra un'annaffiatura e l'altra.

- **Fertilizzazione**: Integra il terreno con un

fertilizzante ricco di nutrienti, in particolare un prodotto contenente azoto, per promuovere la salute delle foglie.

- **Controllo dei parassiti**: Ispeziona regolarmente le piante per identificare e trattare eventuali infestazioni. Puoi utilizzare insetticidi naturali o soluzioni fatte in casa, come sapone insetticida.

- **Gestione delle temperature**: Fornisci ombra durante le ore più calde della giornata, soprattutto nei climi estremi. Puoi anche pacciamare il terreno per mantenere l'umidità e ridurre il calore.

9.3. Margherite che crescono troppo poco o troppo velocemente

Le margherite possono crescere troppo poco o troppo velocemente, entrambe le situazioni possono essere sintomi di condizioni di crescita inadeguate.

**9.3.1. Cause di crescita insufficiente o

eccessiva**

1. **Terreno compattato**: Un terreno troppo compatto può ostacolare la crescita delle radici, limitando lo sviluppo della pianta.

2. **Eccesso di nutrienti**: Un eccesso di fertilizzante, in particolare azoto, può portare a una crescita rapida e lussureggiante, ma con pochi fiori.

3. **Stress ambientale**: Temperatura estremamente alta o bassa, o condizioni di umidità inadeguate, possono influenzare negativamente la crescita.

9.3.2. Soluzioni per regolare la crescita

- **Aerazione del terreno**: Se il terreno è compattato, considera di aerarlo o di aggiungere materiali come sabbia o compost per migliorare la struttura del suolo.

- **Riduci la fertilizzazione**: Limita l'uso di fertilizzanti ricchi di azoto se noti una crescita eccessiva e poco sviluppo dei fiori.

- **Monitoraggio delle condizioni

climatiche**: Proteggi le piante da condizioni estreme, fornendo ombra o coperture in caso di freddo eccessivo.

9.4. Come affrontare stress ambientali e climatici

Le margherite, come molte piante, possono subire lo stress causato da condizioni climatiche avverse. Comprendere come affrontare questi stress è fondamentale per la loro salute.

9.4.1. Tipi di stress ambientale

1. **Calore eccessivo**: Temperature elevate possono causare disidratazione e secchezza.

2. **Freddo estremo**: Gelate tardive o inverni rigidi possono danneggiare le piante non protette.

3. **Venti forti**: I venti forti possono rompere steli o danneggiare le foglie.

9.4.2. Strategie di mitigazione

- **Utilizzo di ombreggiature**: Durante le ondate di calore, fornisci ombra temporanea utilizzando teli ombreggianti o tessuti leggeri per proteggere le piante.

- **Protezione invernale**: In inverno, puoi pacciamare il terreno intorno alle radici per proteggerle dal gelo. Le coperture di tessuto possono anche aiutare a proteggere le piante dai freddi estremi.

- **Ripari per il vento**: Posiziona barriere naturali, come siepi o recinzioni, per proteggere le margherite dai venti forti. Questo aiuta a mantenere le piante in piedi e riduce il rischio di danni.

9.5. Margherite e Sostenibilità

La coltivazione delle margherite in modo sostenibile non solo migliora la salute delle piante, ma contribuisce anche a preservare l'ambiente. Scopriremo come coltivare margherite biologiche e senza pesticidi, come attrarre impollinatori e l'importanza delle margherite nell'ecosistema.

9.5.1. Coltivare margherite biologiche e senza pesticidi

- **Utilizzo di metodi naturali**: Per la cura delle margherite, opta per fertilizzanti organici, come compost e letame ben decomposto, che forniscono nutrienti in modo sostenibile.

- **Controllo biologico dei parassiti**: Utilizza insetti utili, come coccinelle o imenotteri parassitoidi, per controllare le popolazioni di parassiti, evitando l'uso di pesticidi chimici.

9.5.2. Come attrarre impollinatori: Api e farfalle in giardino

Le margherite sono un ottimo modo per attirare impollinatori nel tuo giardino. Ecco alcuni suggerimenti:

- **Pianta varietà diverse**: Scegli una

varietà di margherite e altri fiori per estendere il periodo di fioritura e offrire cibo ai diversi impollinatori.

- **Evita pesticidi chimici**: I pesticidi possono dan

neggiare le popolazioni di api e farfalle, quindi è meglio utilizzare metodi naturali per il controllo dei parassiti.

9.5.3. L'importanza delle margherite nell'ecosistema

Le margherite non solo abbelliscono i giardini, ma svolgono anche un ruolo importante nell'ecosistema:

- **Supporto alla biodiversità**: Attirando impollinatori e altri insetti benefici, contribuiscono alla salute generale dell'ecosistema.

- **Miglioramento del suolo**: Le margherite, come molte piante, possono migliorare la qualità del suolo attraverso le loro radici, che aiutano a prevenire l'erosione.

9.5.4. Margherite e giardini a bassa manutenzione

Le margherite sono ideali per giardini a bassa manutenzione:

- **Resistenza**: Sono piante resistenti che richiedono poca cura una volta stabilite.

- **Crescita naturale**: Le margherite si auto-seminano e possono prosperare in diverse condizioni, riducendo la necessità di interventi frequenti.

Concludendo, la coltivazione delle margherite richiede attenzione e cura, ma affrontare i problemi comuni e praticare tecniche di coltivazione sostenibile può garantire un giardino rigoglioso e fiorito. Imparando a gestire le sfide e ad adottare pratiche ecologiche, potrai godere della bellezza delle margherite per molte stagioni a venire.

Capitolo 10: Curiosità e Storia delle Margherite

Le margherite sono tra i fiori più amati e riconoscibili, non solo per la loro bellezza semplice, ma anche per la loro ricca storia e il loro significato simbolico. Questo capitolo esplorerà il simbolismo e il significato culturale delle margherite, il loro ruolo nell'arte e nella letteratura, e come siano diventate simboli di innocenza e amore.

10.1. Simbolismo e significato culturale della margherita

Le margherite hanno un significato profondo e variegato in diverse culture e tradizioni nel corso della storia. Il loro aspetto semplice, con petali bianchi e un centro giallo, è spesso associato a sentimenti di purezza, innocenza e bellezza.

**10.1.1. Simbolismo di innocenza e

purezza**

Nel linguaggio dei fiori, noto come "floriografia", la margherita è comunemente associata all'innocenza e alla purezza. Questo è in parte dovuto alla loro fioritura primaverile, che coincide con la rinascita della natura dopo il gelo invernale. Le margherite erano spesso utilizzate nei bouquet nuziali e nelle decorazioni per simboleggiare l'amore puro e sincero tra gli sposi.

10.1.2. Simbolismo dell'amore e della fedeltà

In molte culture, le margherite rappresentano anche l'amore duraturo e la fedeltà. L'idea che "l'amore vero" possa crescere e fiorire in qualsiasi ambiente è simboleggiata dalle margherite, che si adattano facilmente a diverse condizioni climatiche e terreni. Questa resilienza fa delle margherite un emblema di amore eterno, capace di prosperare nonostante le avversità.

**10.1.3. Simbolismo nelle culture

antiche**

Nell'antica Roma, le margherite erano dedicate a Venere, la dea dell'amore e della bellezza, e venivano usate nei rituali per attrarre l'amore. Nella tradizione norrena, le margherite erano associate alla dea Freyja, che rappresentava l'amore, la fertilità e la bellezza. In Giappone, le margherite sono un simbolo di felicità e innocenza, spesso utilizzate nei giardini e nelle celebrazioni.

10.2. Le margherite nell'arte e nella letteratura

Le margherite hanno ispirato artisti e scrittori nel corso dei secoli, trovando spazio in opere che spaziano dalla pittura alla poesia.

10.2.1. Le margherite nella pittura

Artisti come Vincent van Gogh e Claude

Monet hanno celebrato la bellezza delle margherite nelle loro opere. Van Gogh, in particolare, ha immortalato questi fiori in diversi dipinti, evidenziando i loro colori vivaci e la loro forma delicata. Le margherite sono spesso rappresentate come simbolo di vita e vitalità, immortalando la bellezza effimera della natura.

10.2.2. Le margherite nella letteratura

Nella letteratura, le margherite sono frequentemente utilizzate come simboli di innocenza e amore. Il famoso poeta inglese William Wordsworth ha descritto la bellezza dei fiori nei suoi versi, utilizzando la margherita come metafora per rappresentare la semplicità e la gioia della vita. Anche in opere più contemporanee, le margherite continuano a rappresentare temi di crescita, cambiamento e amore.

10.2.3. L'uso delle margherite come simboli in poesia e prosa

In molte poesie, le margherite vengono utilizzate per esprimere sentimenti di dolcezza e nostalgia. Ad esempio, nei poemi di Emily Dickinson, le margherite appaiono frequentemente come simboli di bellezza e fugacità, rappresentando i momenti preziosi della vita. La loro presenza nella letteratura sottolinea il potere evocativo dei fiori e la loro capacità di comunicare emozioni complesse.

10.3. Come la margherita è diventata un simbolo di innocenza e amore

La trasformazione della margherita in simbolo di innocenza e amore è il risultato di secoli di associazioni culturali e storiche.

10.3.1. Radici storiche

Le margherite sono state coltivate e

apprezzate in diverse culture fin dai tempi antichi. La loro capacità di fiorire in condizioni difficili e la loro bellezza semplice le hanno rese oggetti di ammirazione. Gli antichi greci e romani le utilizzavano in rituali per invocare la protezione degli dei, associando così questi fiori a sentimenti di sicurezza e amore.

10.3.2. Evoluzione del simbolismo

Con il passare del tempo, le margherite hanno iniziato a essere associate a concetti più complessi come la fedeltà e l'amore eterno. Le spose, scegliendo margherite per i loro bouquet, hanno contribuito a consolidare l'immagine del fiore come simbolo di amore puro. La tradizione di utilizzare le margherite in occasioni romantiche ha continuato a prosperare, rendendole un simbolo popolare nei matrimoni e nelle dichiarazioni d'amore.

10.3.3. Rappresentazione moderna

Oggi, le margherite sono spesso utilizzate in campagne di sensibilizzazione e attivismo, rappresentando valori come la pace, la speranza e l'innocenza. Questo nuovo utilizzo del fiore nelle manifestazioni e nei messaggi sociali ha ulteriormente solidificato la loro posizione come simbolo di amore e innocenza, rendendole ancora più significative nel contesto moderno.

In conclusione, le margherite non sono solo fiori belli e versatili, ma anche portatori di significati profondi e storie affascinanti. La loro associazione con l'innocenza e l'amore, così come il loro ruolo nell'arte e nella letteratura, testimoniano il potere di questi semplici fiori di ispirare e comunicare sentimenti umani universali. Conoscere la storia e il simbolismo delle margherite arricchisce la nostra esperienza nel coltivarle e nel godere della loro bellezza, rendendole un elemento prezioso nei nostri giardini e nelle nostre vite.

Ecco un glossario delle margherite, che include termini chiave e concetti relativi a questi affascinanti fiori. Questo glossario può essere utile per chiunque desideri approfondire la propria conoscenza delle margherite, dalle varietà alle tecniche di coltivazione.

Glossario

1. Aiuola

Un'area di giardino dedicata alla coltivazione di fiori e piante ornamentali, in cui le margherite possono essere piantate per creare composizioni colorate.

2. Autofertilizzazione

Un processo in cui le piante possono impollinarsi da sole, garantendo la produzione di semi senza la necessità di un altro esemplare.

3. Bellis perennis

Il nome scientifico della margherita comune, una delle varietà più diffuse e conosciute.

4. Bulbo

La parte sotterranea di alcune piante, anche se le margherite non sono bulbi, è importante capire la differenza tra fiori bulbosi e fiori a radice fibrosa come le margherite.

5. Concimazione

Il processo di aggiunta di nutrienti al terreno per migliorare la crescita delle piante. Le margherite beneficiano di fertilizzanti ricchi di fosforo e potassio.

6. Copertura del suolo

Una tecnica di giardinaggio in cui le piante vengono coltivate per coprire il terreno, riducendo le erbacce e mantenendo l'umidità, utile anche per le margherite.

7. Crescita perenne

Riferito a piante che vivono per più di due anni. Le margherite perenni possono rifiorire ogni anno.

8. Drenaggio

La capacità del terreno di permettere all'acqua di defluire. Le margherite preferiscono terreni ben drenati per evitare il marciume radicale.

9. Fioritura

Il periodo in cui una pianta produce fiori. Le margherite generalmente fioriscono in primavera e in estate.

10. Floriografia

L'arte di comunicare messaggi attraverso i fiori, dove ogni fiore ha un significato specifico. Le margherite simboleggiano l'innocenza e la purezza.

11. Germinazione

Il processo attraverso il quale un seme si sviluppa in una pianta. La germinazione delle margherite richiede un'adeguata luce e umidità.

12. Irrigazione

Il metodo di fornire acqua alle piante. Le margherite necessitano di un'irrigazione regolare, evitando però il ristagno.

13. Malattie fungine

Patologie causate da funghi che possono colpire le margherite, come il marciume radicale e l'oidio. È importante monitorare la salute delle piante.

14. Microclima

Un'area con condizioni climatiche diverse rispetto all'area circostante. Le margherite possono beneficiare di microclimi favorevoli, come aree protette dal vento.

15. Multicoltivazione

La pratica di coltivare diverse specie di piante insieme. Le margherite possono essere abbinate ad altre piante per creare giardini più ricchi e diversificati.

16. Pacciamatura

Un metodo di copertura del terreno con materiali organici o inorganici per mantenere l'umidità, controllare le erbacce e migliorare la salute del suolo.

17. Parassiti

Insetti o organismi che possono danneggiare le margherite, come afidi e cocciniglie. È importante monitorare le piante e applicare trattamenti preventivi.

18. Potatura

La pratica di rimuovere parti della pianta per stimolare una crescita sana e promuovere la fioritura. Le margherite possono beneficiare di una potatura regolare.

19. Radici fibrose

Un tipo di radice comune nelle margherite,

che consente loro di assorbire nutrienti e acqua dal terreno.

20. Raccoglimento dei semi

Il processo di raccolta dei semi dalle piante mature per la conservazione e la semina futura. Le margherite possono essere propagate dai semi.

21. Resilienza

La capacità delle margherite di adattarsi a diverse condizioni climatiche e terreni, rendendole piante robuste e facili da coltivare.

22. Simbiosi

Una relazione di mutuo beneficio tra due organismi, come le piante di margherita e gli impollinatori, che traggono vantaggio l'uno dall'altro.

23. Sostenibilità

Pratiche di coltivazione che mirano a ridurre l'impatto ambientale, come la coltivazione di margherite senza pesticidi e l'uso di metodi biologici.

24. Temperatura ottimale

Il range di temperature in cui le margherite prosperano meglio. La temperatura ideale per la crescita delle margherite è generalmente compresa tra i 15°C e i 25°C.

25. Terreno fertile

Un suolo ricco di nutrienti essenziali per la crescita delle piante, necessario per le margherite affinché fioriscano in modo sano e abbondante.

26. Varietà di margherite

Riferito alle diverse specie di margherite, come la margherita comune (Bellis perennis), la margherita Shasta (Leucanthemum x superbum) e altre varietà esotiche.

Indice

Introduzione pg.4

Capitolo 1: Clima e Terreno Ideale pg.10

Capitolo 2: Propagazione delle Margherite pg.14

Capitolo 3: Come Piantare le Margherite pg.23

Capitolo 4: Cura e Manutenzione delle Margherite pg.33

Capitolo 5: Malattie e Parassiti delle Margherite pg.44

Capitolo 6: Margherite per Ogni Stagione pg.55

Capitolo 7: Decorare con le Margherite pg.65

Capitolo 8: Moltiplicazione e Conservazione dei Semi pg.76

Capitolo 9: Problemi e Coltivazione Biologica pg.86

Capitolo 10: Curiosità e Storia delle Margherite pg.97

Glossario pg.105

www.ingramcontent.com/pod-product-compliance
Lightning Source LLC
Chambersburg PA
CBHW071100240526
45471CB00016B/2207